上钩了!

不管怎样
总会有办法的

All is Well

不管怎样
总会有办法的
All is Well

千太阳 译

中国出版集团
东方出版中心

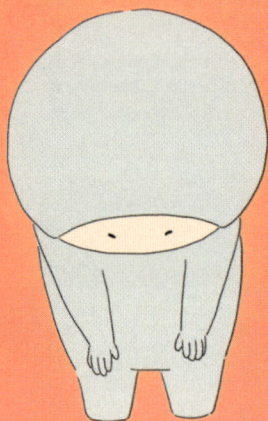

我

准备

好啦！

现在开始！♥

我要变得婆婆妈妈了。
大家都准备好了吗?

目 录

第一个故事

像狗一样的
社会生活

度月如年
让人望眼欲穿的发薪日
看到本应该让人兴奋的工资,却一点儿都不开心。
大家……都是这样生活的吗?

能越过这些山丘，就来试试吧！

想要工作，但需要的条件却很多。

想要工作的人也很多。

毕业，入职

这是花了多少钱才拿到的毕业证啊！

毕业证

用钱养活的四年，
终于毕业了！

您……您好！

在好不容易进入的面试场，只能发出颤抖的绵羊音。

但是，有一天，
看似不可能的就业，我竟然成功了。

现在，我也有了每天早上要去的地方了，
就像其他人一样！

一想到自己成了新职员，
上班的路上，充满了快乐！

上班第一天

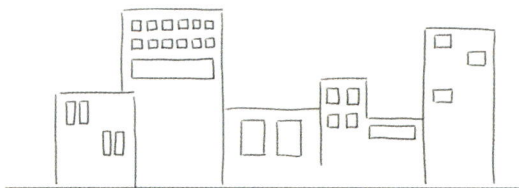

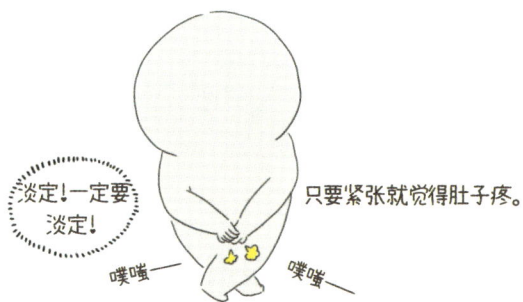

让人紧张的第一份工作,第一天上班。

公司门口

虽然公司内部像明洞那样充满喧嚣，
但却有我干净整洁的工位。

噢耶一

仅仅因为有这样一个工位，就充满热情的新职员。

然而,现实却是——
星期一二三四五六七+夜班的连续工作。

干的全都是杂活儿。

还成了别人的出气筒。

就这样坚持一个月得到了工资。

其实很早就很清楚,但还是觉得自己很可怜。
我一个月的辛苦换来的工资只有——56万韩元(约3360元人民币)。

度月如年,
让人望眼欲穿的发薪日,
看到本应该让人兴奋的工资,却一点儿都不开心。

大家······都是这样生活的吗?

笑着打招呼

与其摆出一副麻木的

"你好吗?"

的表情——

不如笑着说:

"您好。"

这样不好吗?
又不需要花钱。

我们都微笑着打招呼吧!

每天都在干杂活儿

拿着辛辛苦苦四年获得的文凭，
每天却这样认真地干着造粪的活儿。

我学的是设计专业，
大家好像都已经忘记了。

今天的苦恼

每天都要苦恼这两个问题,为什么一直都没有答案呢?
不要问我为什么会苦恼于这些没用的问题,
因为我真的很认真!

素颜又怎样

你的脸
怎么了？

你有什么事吗？

什么呀？
什么呀？

哪里不舒
服吗？

有什么事吗？

有那个时间,还不如再多睡五分钟,
为什么要化妆啊?!

没有啊？

你要下班了吗？你最近是不是很累啊——脸色很差啊！

我很好啊？

几乎不联系的讨厌鬼

但是，大家都是怎么知道的呢？
不知道从什么地方冒出来，
能不能不要在这个时候假装很熟？
真讨厌！

我不化妆

就算是认认真真地化妆又能怎么样？

反正都是要加夜班。

啊啊啊啊啊啊啊！

今天可是我的生日啊！

这该死的公司!

这样对我,我怎能对你产生感情啊?!

所以说,我根本分不清:

自己最近是在公司住呢,还是在家里上班?

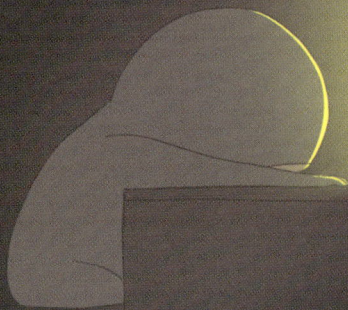

我的确不知道,自己为什么要这样拼命干活,

不要说是为了荣华富贵,

因为,我直到现在也没有见过什么荣华富贵。

月亮女神，
像现在这样做苦力，
真的总有一天会幸福吗？
会吗？

下班路上的杂想

下班路上的杂想:

即使努力工作赚钱也没有钱,不赚钱还是没有钱。
为什么一定要赚钱呢?

难道说,不赚钱的话,会非常难受。

赚钱的话,会一般难受。

只是这点差异吗?

不管怎么难受,反正都差不多。

如果不赚钱会非常难受,赚钱会一般难受的话,当然是要赚钱了,你这个傻瓜!

哇!真是天才!

钱都花在哪里了呢?

钱都花在哪里了啊!

当然是吃进肚子里,
然后变成了一坨屎。

虽然用过,但却没有任何痕迹的
该死的信用卡,还款额又这样悄
无声息地增多了。

信用卡
明细

所以,工资就这样全都为信用卡还款了。

钱在这里

这是工资

走好吧,我珍贵的工资!
如果有缘的话,我们还会再次见面的。

寻找工资

去了哪里呢？

虽然拿到了工资，
但是取不出来。

这又不是金枪鱼泡菜汤里的金枪鱼，到底去哪里了呢？
原本想用累死累活赚来的钱好好享受一番，
但是这个月依然身无分文！下次吧。

所以到底是什么时候？

我的故事

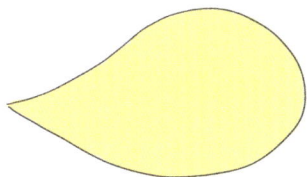

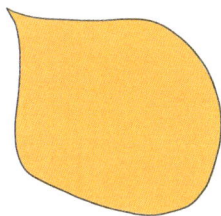

我的故事在公司里乱飞，
这些故事我本人都不知道。
真不知道大家为什么不好好工作，
净忙着胡编乱造一些没有的故事！
哼！

难道是低潮期吗?

最近不知怎么的,只要一张嘴就是唉声叹气。

只要我一碰,事情就变成一堆便便!

我觉得，自己好像是世界上最没用的人。

这就是所谓的低潮期吗，还是我本来就是个傻子呢？

我要是一块石头那该多好！
那样就可以什么都不用做了。

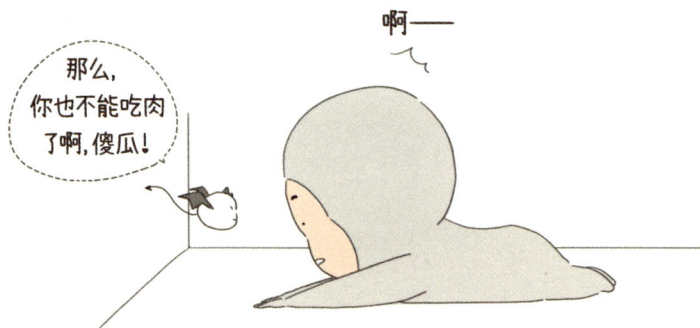

啊——

那么，
你也不能吃肉
了啊，傻瓜！

寻觅丢失的自信

你在哪里呢？

赶紧回来吧!

不管哪里都没关系

工作什么的，都闪一边吧！

能够改变心情的还是旅行。

到底是想去旅行呢，

还是想要逃避呢？

不管是旅行还是逃避，
只要不在这里就好!

明明是只要干好工作就可以的公司，
为什么让我这么辛苦？

真的不知道，为什么明明如此辛苦，
却还要这样默默忍受？

不管怎么都想不明白，
为什么那些应对社会生活的方法都不适用于我呢？

不管怎么想，不管怎么问，答案都只有一个——

"因为大家都是那样生活的!"

各种冥思，
各种苦想，
一个接着一个，
跌落谷底之后，应该会反弹吧？

不要担心！

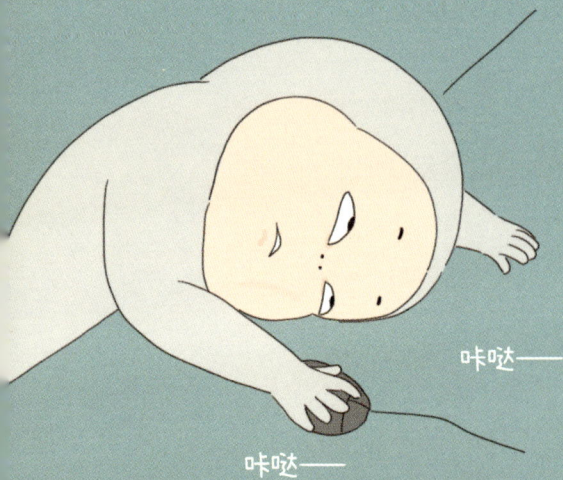

唉，虽然每天都是如此，
但今天依然不想工作，
到底什么时候才想工作呢？

五花八门的借口

天气如此好,
怎么能好好地工作呢?

天气如此阴沉,
怎么能好好地工作呢?

不想工作的借口,
有一百万零二十二个、
一百万零二十三个……

啊啊啊！我的周末

为什么偏偏在周末生病呢?
真是个没有眼力见儿的身体!

救命啊!

现在病成这样,可到了星期一肯定又生龙活虎了,
真是个让人讨厌的身体!

充电中

为了能够在像极限训练一样的工作日坚持下去，
不得不在周末充电。

如果周末不休息，也不觉得一周难熬，
哇——恭喜你! 你还年轻!

星期一

你这个家伙，
我现在已经开始难受了，
你为什么看上去这么开心呢？

只有赶快入睡,
明天才能继续像狗一样工作啊!

啊啊啊!

星期一,你这个家伙!
为什么每个星期见你之前都会失眠呢?
我要睡觉,要睡觉,一定要睡着,呼呼——

奔跑吧！奔跑吧！

今天也是不变的晨跑。

呼呼——

还有五分钟就迟到了！

每天早晨，都这样拼命地奔跑，
为什么却一点儿都没有变瘦呢？

……这就是生活吗?……

吃完饭之后总是……

是谁在我吃的饭里下药了吗?……啊……啊……

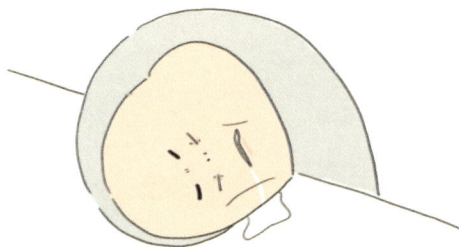

我为什么一年四季都是吃了就困呢?

啊……该工作了。

赶……紧……起……来……

不想工作的时候

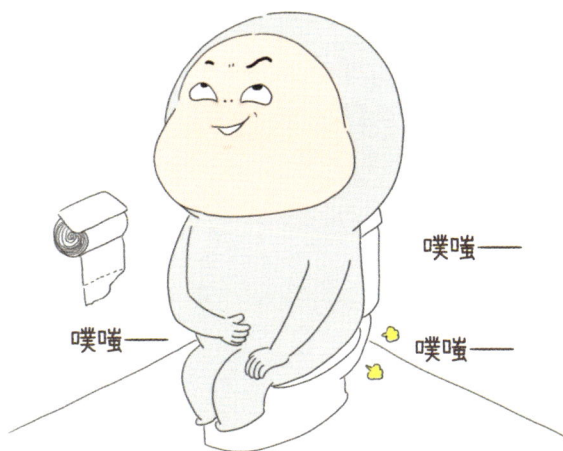

噗嗞——

噗嗞——

噗嗞——

我呀,

不想工作的时候,觉得拉便便都充满了乐趣。

也对,不工作的话,还有什么是无趣的呢?

会感到抱歉吗?

竟然准时下班!
竟然准时下班!!

兴奋地跳舞

那个……
裹泪小姐

"很不好意思,
希望你在明天之前能把这个做好交给我,好吗?
拜托了!"

你是真的感觉到抱歉吗?
明明一点儿都不觉得抱歉!

真想花钱买点儿眼力见儿,
然后送给你。
如果有人知道哪里有卖,希望可以告诉我!

一星期的表情变化

星期一

星期二

星期三

星期四

星期五

星期六

星期日

星期一二三四五六日
赤橙黄绿青蓝紫

像彩虹①一样的一星期

① 在韩语中,"彩虹"如果分开书写,就会有"很""狗"之意。——译者注

加油，我的身体！

工作时间越长，
堆积在办公桌角落里的各种营养品——
也越来越多。

我的全部财产——我的身体,
因为我还要用很久很久,所以一定不要出问题啊!

啊!忙死了!忙死了!
今天也认真工作的我——

为什么不能"提前做好"呢?
也对,要是能提前做好的话,这还是我吗?

出气筒

重新做！

你就只能做成这个样子吗？

这也能被称为
工作吗？！

所以说我才是职员啊？
要是能做得很好，还能是职员吗？
就发那么一点儿工资，要求却这么多！

该死！

但是有一天却产生了这样的想法：
我真的是因为工作没做好而被骂呢，
还是我就是个谁都可以敲打的出气筒呢？

为什么你们每天只对我发火呢？

不管怎样总会有办法的

休闲 ▰▰▰▱▱▱▱ 忙碌
忙碌 30%

休闲 ▰▰▰▰▱▱▱ 忙碌
忙碌 50%

总会有办法的

哈哈

哈哈哈

哈

哈

不管啦！

休闲 ▬▬▬▬▬▬▬▬▬ 忙碌

忙碌100%

方法总比问题多吧，
总会解决的，就像往常一样。

每天早晨都无比痛苦

知道了！
我知道了，不要再叫了！
你这个没有眼力见儿的闹钟！

闹钟啊,你知道吗?

我现在有多么不想去公司。

哈啊啊啊啊啊啊!

你明明什么都不知道!

我好想回家

每天早晨一睁开眼睛，
就想回家。

每天刚上班，
就想回家。

每天刚到公司，
就想回家。

每天刚回到家，
就想回家。

咦?什么?是不是精神不正常了?

为什么呢?

到了下班时间应该下班才对。

那个⋯⋯
我想休假⋯⋯

我只是想享受我的休假。

为什么还要这样看别人的眼色呢？

谁来回答我一下⋯⋯

呱呱呱呱小青蛙

让做的时候不想做，
不让做的时候，
反而更想做，是不是？

呱呱——　　　　呱呱——

"我也是。"

如果跟我说"你要像别人一样认真工作"，
我反而想甩手不干了。

如果不像样的组长对我说"你听好了"，
我就想像"中二"少年一样不停地反抗。

正想着"今天一定要结束"的时候，如果听到"加夜班"的话，
就很想对着他大喊大叫。

所以，不要命令我干这干那，
因为我会自己看着办的！

这很有趣吗?

你气得脖子都歪了啊?

我是开玩笑的啊!

为什么要拿这个开玩笑呢?还大笑?
我也要觉得有趣才是玩笑啊!
可现在只有你觉得有趣啊!

我要不要也开个玩笑啊?

我不关心

竟然对着我撒谎!
我很清楚这比中彩票的可能性还小,你肯定比我更清楚!

而且,我现在对转正一点儿都不感兴趣。
所谓的工作,只要能赚钱就可以了。
我早就把热情和价值之类的东西全都喂狗了。

不要太相信自己

明天再做吧！

不管怎样总会有办法的。

第二天

我就是因为太信任自己了,所以每天都没有好结果。

今天也不例外,

明天应该也是如此,可能吧……

果不其然，

原本还抱着一丝希望，结果还是自己给自己挖坑。

我为什么会这样呢?
为什么每次都这样呢?

心里每次都想做好,
但事情却没有想得那么简单。

讨厌一切

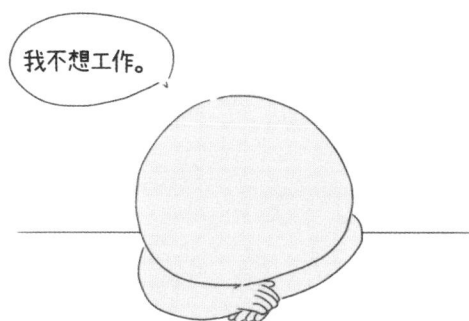

但是……为什么还是要这样忍气吞声地坚持呢？
真的就没有一点儿好处吗？

一起吃饭吧！

我只不过是客气一下而已。
如果这样当真的话, 我该怎么办呢?

斗争的种类

在公司，
充满了各种各样的斗争。

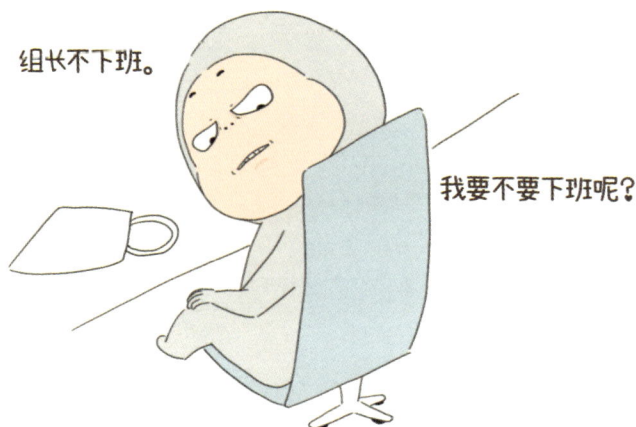

组长不下班。

我要不要下班呢？

眼力见儿斗争

政治斗争

还有每天溜须拍马数万次的人。

真是个讨厌的
国宝级疯子。

要不要交辞职信呢？

嗯？直接？

与自己的斗争

怎么能让我加油呢?

您为什么总是在星期五晚上给我反馈,

说要星期一见到结果?

这样的话,我就不得不在周末加班。

周末

周末又来上班了啊——

加油!
加油!

周末来"巡查"的
上司

您不是说让我加油吗?

所以,我应该怎样做才能加油呢?

如果只是用这样毫无灵魂的话安慰我,还不如直接给加工资,

要不然——就充满真心地对我说。

嘘
一

在不想跟任何人说话的那一天，
想戴着一个不出声的巨大耳机，
真希望今天所有人都能有眼力见儿，不要跟我说话……

真对不起

今天也不停地用"狗"①这个词,真的很抱歉!

我也不想这样,但是生活真的是太糟糕了,

可能以后也会一直如此,

希望你能够理解我一下!

① 在韩语中,"狗"和"很"读音一样,"'狗'对不起"意即"很对不起"。——译者注

Control+S S S

啊啊啊啊啊啊啊啊啊啊啊啊！

全都不见了！

该死！

一定要立即保存，
我最讨厌的就是重复做已经做过的事情。
让我先哭一会儿吧，
哎呦喂，我真是命苦啊！

成果要自己争取

如果辛辛苦苦干了活,却不知道去邀功,那么谁都不会知道。
要主动争取才能获得成果。

不要害羞,告诉东西南北的所有人吧!
要是安静地待在一边,会变成傻瓜的,真的!

写简历

> 这里是机会之地，还是布满地雷的凶险之地？

我决定辞职了。

那么，在简历上应该写……

虽然事实就是如此，
但是我现在……为什么有些悲伤呢……

过去的这段时间，我到底是怎么过的啊!

好羡慕你啊！

我会羡慕你的，所以不要辞职。

这段时间谢谢你了。

一起说公司的坏话，一起吃饭。
虽然只是表面上看似很亲密的同事，
原来也积累了不少感情啊……

祝你以后更美好，你这个有勇气的家伙!

也对,怎么可能每天都做得很好呢?
也会有事事不顺的一天,
明天会好起来的!

加油!

妈妈有什么罪啊!

啊啊啊啊啊
妈妈!!!!

在公司里,不管憋了多少火,
也不要对着自己的妈妈发泄,
不要转过身再后悔。

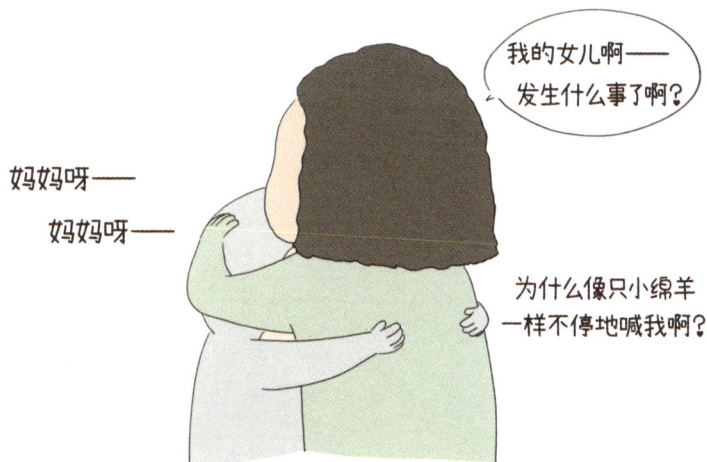

但是，
最辛苦的时候还是会找妈妈。

妈妈，今天也对不起！

不管是谁，
只要能紧紧地抱住我，
一边温柔地拍打着，一边说：
"没关系！"
应该会舒服很多……

喂？
没有人吗？
我今天需要一点儿安慰。

第二个故事

今天的歌谣

跟一个自己喜欢的人一起回家,
心里的每个角落,都开满了粉红色的花朵。
希望对你来说,
我也是那样的人。

又到了年底，又是新年

这一年都干什么了？这么快就12月了。

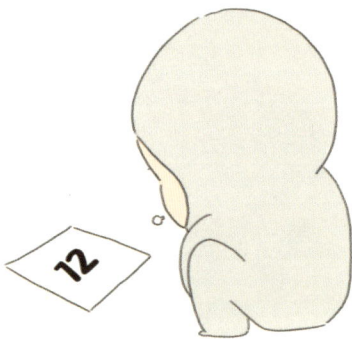

好像昨天才刚刚听过新年倒计时的钟声一样，
为什么这么快又到12月了？

为什么觉得每一天都像是一年一样漫长、
一年却像一天一样短暂呢？

Happy New Year

竟然又到了新年，

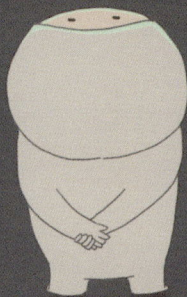

我一点儿都不开心。

马马虎虎，
又长了一岁。

滚开！

就像是恐怖电影中的鬼一样——
总是突然冒出来吓唬我的恐怖记忆。

不要继续这样了，
难道不觉得厌倦吗？

再见!
从今天开始忘记,
这些恐怖的记忆。

你不要再回来了,
让我也清净地生活吧。

新年计划

又到了新的一年，要不要制订一个新年计划呢？

要攒钱！

在新的一年里……

要减肥（一定）！

不再讨厌他们

不管是谁

这个新年计划与去年的计划有什么不一样呢?

我只是要激励自己而已,你这个家伙。

充满干劲

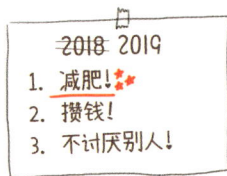

~~2018~~ 2019
1. 减肥!
2. 攒钱!
3. 不讨厌别人!

不管怎么说,
新的心情,
新的出发!

我的年龄怎么了？

现在不管做什么，

都有点儿像疯子。

不管在谁的眼里，我都是一个大妈。

无法隐藏的我的"芳龄"。

我竟然
三十几岁了!

该死！♥

每年都这样闹。

这样继续下去，我很快就到四十岁了。
能吃的东西那么多，就不要再长岁数了①。

你要什么时候
才做符合年龄的
事情啊！

一年年变老就已经很闹心了，
还要做这样的事情吗？

哼！

---

① 在韩语中，"长岁数"中的"长"与"吃"同音。——译者注

为什么要那样对我?

刚收到快递就打折搞活动

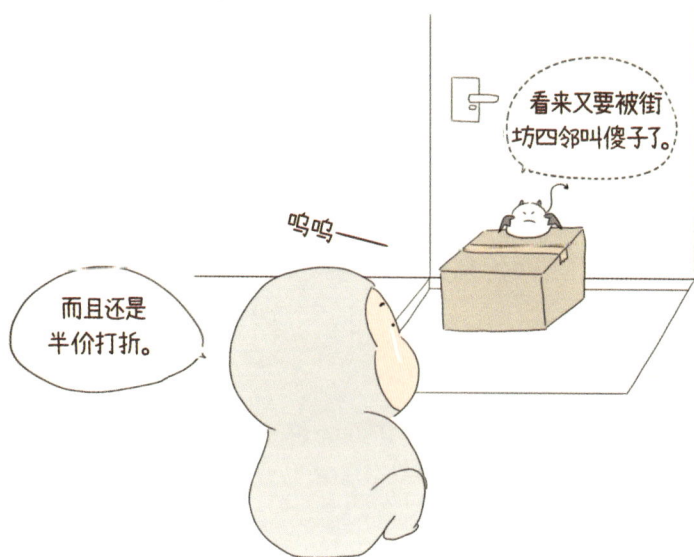

而且还是半价打折。

呜呜——

看来又要被街坊四邻叫傻子了。

分期付款的冬季大衣还没有结束还款,再加上飞机票,
为什么只要我购买后就会打折呢?
我为什么累死累活地挣钱却没有运气花呢?

请不要关上

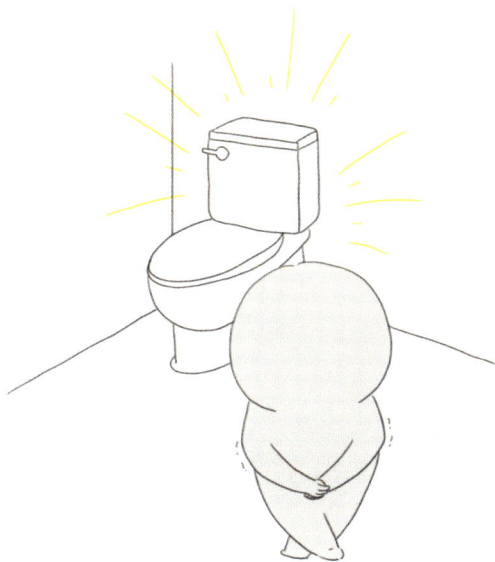

今天的"彩票"①——

中还是不中?扑通——扑通——

这马桶盖儿,是打开还是不打开呢?

① "彩票"指的是马桶里有没有尚未冲掉的便便。——译者注

春装

好了,春天的衣服也准备好了。

现在只要准备能穿上春装的身体就行了。

人类的欲望总是无穷无尽的,而且每年总是犯同样的错误。

唉,又多了一件睡衣。

希望总是相反的

该长肉的地方不长肉。

该减肥的地方肉不见少，
如果能够通过倒立让脂肪移动的话该多好啊!

还是喵星人好啊——
即使胖乎乎的，别人也会说可爱。
看来下辈子我也要投胎做喵星人。

不管做什么都像小猪

即使每天依然是该吃就吃,

也要成为一只健康的小猪!

——我曾经做过这样的决定。

虽然真的是非常短暂的时间……

呼——
呼呼

哎呦喂，我这是
在做什么啊?!

谁来救救我?

呼呼   呼——
已经算是不错了，
总比什么都不做好吧!

已经运动了，
要不要吃炸鸡啊?

或者是吃肉呢?

到底是要成为一只健康的小猪呢,
还是要成为一只幸福的小猪呢?

对对,应该要补充
一下蛋白质了。

看来我要是想减肥的话,
闭上嘴巴应该要比运动更快一些吧!

意识的流向

苗条  肥胖

肥胖 30%

苗条  肥胖

肥胖 50%

是的，不管是胖1千克还是2千克

小猪还是小猪。

那个时候还是小号

在六年前,买这件泳衣的时候,
以为总有一天能够穿进去。

但是现在回想起来,
应该在刚买的时候穿。
我的身体一直要长到什么时候?
成长期什么时候才能结束呢?你这个身体啊——

所以,我并不是肚肚猪!
真的!真的呀!

哼哼——

哼哼——

体重

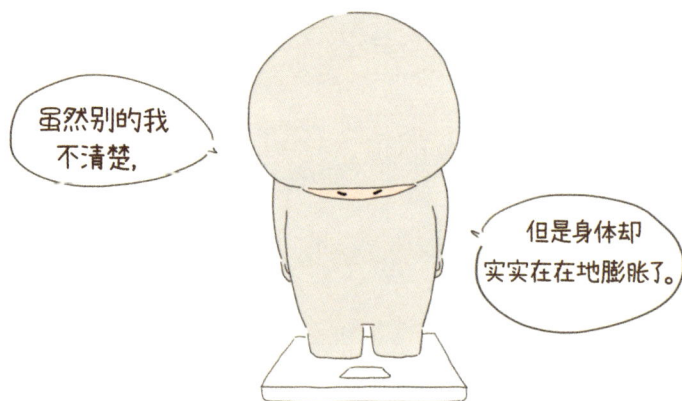

本来还在想工资都去了哪里，
原来全都长到身体上了。

收集鞋子的爱好

到底是什么时候开始有了收集鞋子的爱好呢？

噢耶！
新鞋子！

对我来说，尺码合适的只有鞋子，
鞋子能够合适就已经很不错了。

我的脖子在这里

一般情况下,这里叫"腰部"对吧?

应该这样系腰带对吧?

(咦?)

所以,我用戴项链来标明脖子的位置。

这里就是脖子！

早知道会这样,出生在缅甸好了。
那样,最起码脖子是细长的啊!
可这也不是我能决定的啊!

方便面只有在晚上吃才好吃，
这是夜宵爱好者们都知道的事实。

（难道是因为这么好吃才会变成血液、变成脂肪吗？）

夜宵之后的包子

早晨睡醒之后,照镜子的时候有些恐怖。

变丑还能够忍受,
但无视好吃的食物,是绝对不行的。

大家说是不是啊?

自动反应

炸鸡？

再加上啤酒？

又不是什么巴甫洛夫的狗①，

但的确是光是听到这些词语都觉得好吃。

我还怎么能减肥啊!

① 著名生理学家巴浦洛夫(Lvan Petrovich Pavlov)做过这样一个实验:每次给狗送食物前打开红灯、响起铃声。经过一段时间后,铃声一响或红灯一亮,狗就开始分泌唾液。"巴浦洛夫的狗"被用来形容一个人反应不经过大脑思考。——编辑注

该死的炸鸡啤酒

我曾经很认真地说过:"如果我不吃炸鸡,不喝啤酒,
肯定能减肥到48千克。"
(鸡是不可能灭种的。)

夏天

我会用脚指头按下电风扇的开关。

而且，会习惯性地发出"啊啊啊"的声音，
为什么这样，
总感觉更凉快一些呢？

啊——

啊——

啊——

一杯烧酒

不知道从什么时候开始——

阿姨,给我来一杯烧酒!
吃饭的时候,如果少了开胃酒总觉得不舒服。

以前，不明白大家为什么喝这么苦的东西。

啊——

人生的味道

现在好像有些明白了，
所以，爸爸才会在下班之后那么爱喝酒。

我为什么……

我为什么只要穿白衣服的时候
就会……

为什么换上暗色调的衣服的时候……
哎呦!
难道我要脱光了才行吗?

该死!

哎哟喂，我的头！

该死的宿醉，
让我一整天都处于阵痛模式。

我要从明天开始戒酒，
今天就再喝点儿吧！
虽然还是在问自己能做到吗，
但其实，我已经知道答案了。

你是最棒的

你们还有没有未曾尝试过的事情?

无所不能的狗大人、牛大人①

我要是能够像你们一半的话……

---

① 在韩语中,谁都会做的事情被说成是"阿牛阿狗都会做的事情";难度很大
   的事情被说成是"这不是阿牛阿狗都能做的"。——译者注

我喜欢你，喜欢你!

我喜欢你!

虽然那不算什么。

今天也怀揣着满满的——

爱心和称赞送给你!

你在干什么呢?

还不赶紧去点一下赞?

正在变老

...?

我过来是要拿什么东西来着……

我本来是想查询什么内容来着……
什么来着?

甚至不记得昨天晚上做了什么……
这就是变老的表现吗?

转身就忘,转身就忘。
等一等,这好像是妈妈每天都挂在嘴边的话吧?

肮脏

虽然有些肮脏,但是为什么总是想看呢?
我知道大家也都和我一样。

脑子离家出走了

我现在这是在做什么啊?

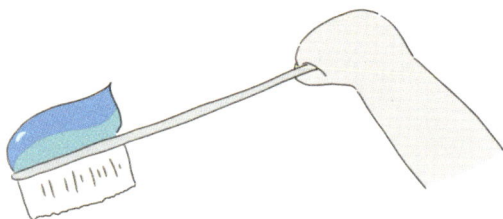

真不知道自己把脑子落在哪里了,
乘坐地铁的时候刷员工证,
在公司入口刷交通卡,
我的脑子到底去哪里了?

袜子

穿的时候是两只。

脱的时候也是两只。

但是为什么洗完之后就剩下一只了呢?

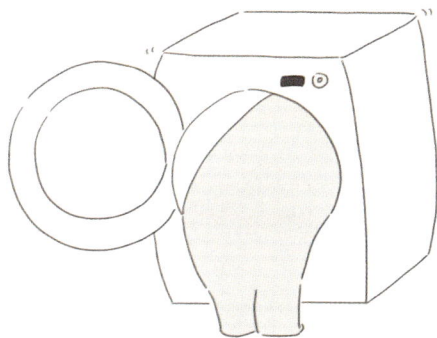

是你这个家伙干的吗?
吐出来,赶紧吐出来!

我为什么现在才知道?
其实,买一堆相同的袜子,就能解决这个问题。

随风飘来一丝丝秋天的味道，
因为这一丝丝的味道就能够心动的季节。

更想喝一杯温暖的美式咖啡的季节，
我最喜欢的季节——秋天。

啊，好难受啊！

咦？

啊—— 啊—— 啊——

啊—— 啊—— 啊—

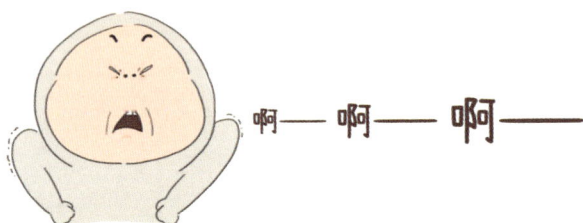

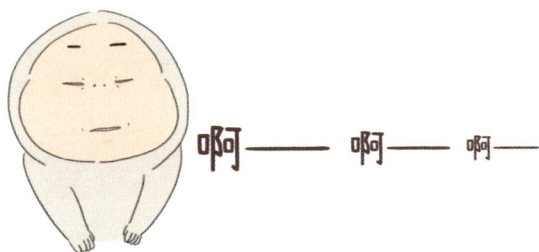

只要到了换季的时候,就会一整天——
被这徘徊在鼻腔里的喷嚏所折磨。
患鼻炎的朋友们肯定明白,这是多么难受的一件事情。

卷毛

比气象厅的预报还要准确的——
我的卷毛雷达。

还有让我难受的膝盖痛，
我应该高兴呢，还是伤心呢？

真痛快

下班的路上，"偶然间"看到了前男友[1]的社交状态。

① 写成"前男友"，读作"混蛋"。——译者注

这狗东西现在依然单身。

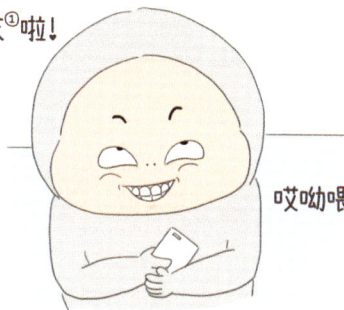

颧骨升天①啦↓

哎呦喂,真开心!

哼,你以为还能碰上像我这样好的女人吗?

① "颧骨升天"是韩国最近很流行的说法,形容很开心的状态。——编辑注

你为什么要那样呢?

每次都是有重要约会的时候，
就一定会没有眼力见儿地冒出来，
为什么，为什么啊!

大号面膜，拜托啦！

难道没有大号的面膜吗？
我希望整个脸都能享受呵护！

化妆品行业的相关人士们，
难道不想开发不同尺码的面膜吗？

如果不开发的话，我就贴两个……

长久的缘分

并不是所有长久的缘分都是好的。

我又不是什么贵重的山参。

嗖嗖——

如果在以前，我无论如何都会坚持下去。
但是，现在我决定不再留恋了。
缘分不能勉强持续下去。

我也不知道原因

所以说呀……

又不是什么
听力评价。

这样那样……

这样那样……

我听说啊……

但是呀,这件事情……

我听说呢……

是这样的呢……

只知道不停地说自己的事情的人,
总是让人觉得难以忍受,
如果无法引起共鸣的话更是如此。

你为什么要跟我见面呢？
我为什么要跟你见面呢？

到底是因为觉得很亲近才想交谈呢，
还是只需要一个垃圾桶呢？

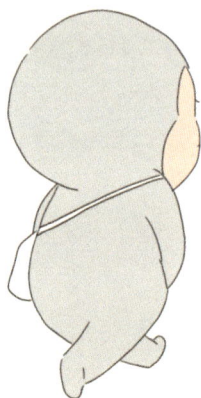

你问我为什么总是待在家里

在如此多的电话号码中，

难道没有一个属于能够舒舒服服一起吃饭的人吗？

要不要见
一面啊？

你今天干
什么？

那么什么时候见面呢？

在哪里
见呢？

跟我一起玩吧！

我们见面之后做什么呢？

即使有那样的一个人，
也觉得这过程很麻烦。

我最讨厌的
就是洗头发。

因为在周末的时候还是要洗漱。

现在知道我为什么总是待在家里了吧?

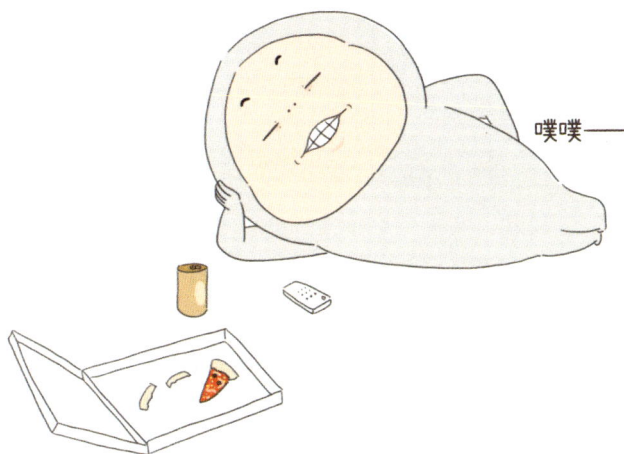

噗噗——

这里就是天堂啊!

走出家门就要受苦啊,各位!

不知道是不是我把界线划得太清楚了，
虽然有时候会这样想，
但是我觉得这总比受到伤害要好。

在人际关系方面又不是个菜鸟，
可每次为什么都这么难呢？

不觉得尴尬的关系

什么?

这么快就两点了?

见面之后根本感觉不到时间在飞逝。

好像昨天还见过面一样烦你!

我们已经一年没见了,你这个家伙!

很久没见面也不觉得尴尬的关系也不错!

我最喜欢的是，
即使沉默也不觉得尴尬的关系。

所以我才喜欢你。

咕噜噜——

要是有人能给我把饭菜准备好就好了。

妈妈曾经说过:
"别人给做的饭菜都是好吃的!"

自己一个人生活之后,终于明白了这句话的真谛。

小猪

即使如此,我也曾经天真地认为:自己的胳膊和腿
还是很苗条的。
(也就是大家常说的"蚂蚁型身材"。)

原来你也是!

没想到小猪的胳膊和腿也是
非常苗条的,
我们还是不要喜欢上对方吧!

好人

跟一个自己喜欢的人一起回家，
心里的每一个角落，都开满了粉红色的花朵。
希望对你来说，
我也是那样的人。

第三个故事

我和你怎么会……

比起那些华丽的惊喜，
我更喜欢这样细微的关怀，
好像每一瞬间你都在想我一样……

姻缘就在身边

不要总在问自己：

"我的姻缘到底在哪里？"

然后一直盯着远处看。

稍微转一下头，看一看自己的身边。

说不定,真的是因为灯下黑,所以才没找到呢。

如果发现了,就直接出手吧!

因为,人生是机不可失,时不再来。

开始作战吧！

NO！
我为什么要跟
你一起去啊？

前辈——
你要不要跟我一起
去骑自行车啊？

是去……但不是
要跟你一起……

前辈——
你今天干什么啊？

好了,让我们开始游戏吧!

就这样开始了

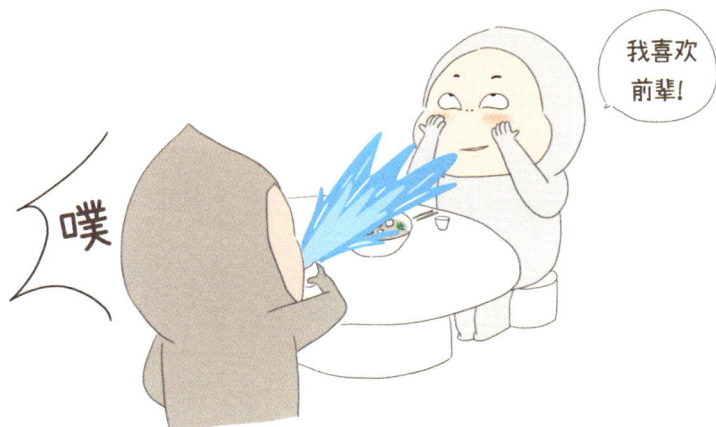

你有话要对我说吗？

前辈……
我……那个……

我喜欢前辈!

噗

你要是喝多了的话，
还是安静地回家吧。

我好不容易把藏了五年的心里话，
小心翼翼地说了出来，
竟然装不知道？还逃跑了？

作为女人,既然拔出了刀,就应该做点儿什么吧?

你给我站住!

嗖—

干嘛？

女人主动告白又怎么样呢?

想据为己有一辈子的话,先出手的家伙才能先占有!

害羞只是暂时的。

我们竟然成了夫妇

> 午饭时间结束后叫醒我。

> 好的。

所以说，曾经是职场前后辈的关系——

> 我不想跟你分开，我们结婚吧？

> 好呀！

变成了甜甜蜜蜜的恋人关系。

清醒之后,发现自己已经站在婚礼现场了。

人与人之间的缘分真的很难说清楚,
有谁能够想象到我们会成为夫妻呢?

浪漫的新婚

要是他觉得我可爱死了怎么办啊？

嘿嘿！

（虽然不知道是从哪里听来的。）
我买了一套被称为"新婚之花"的睡衣，
而且还是连衣裙。

神秘感直接下降。

呼噜噜—
呼呼—

蠕动—

难道是沈青①吗?

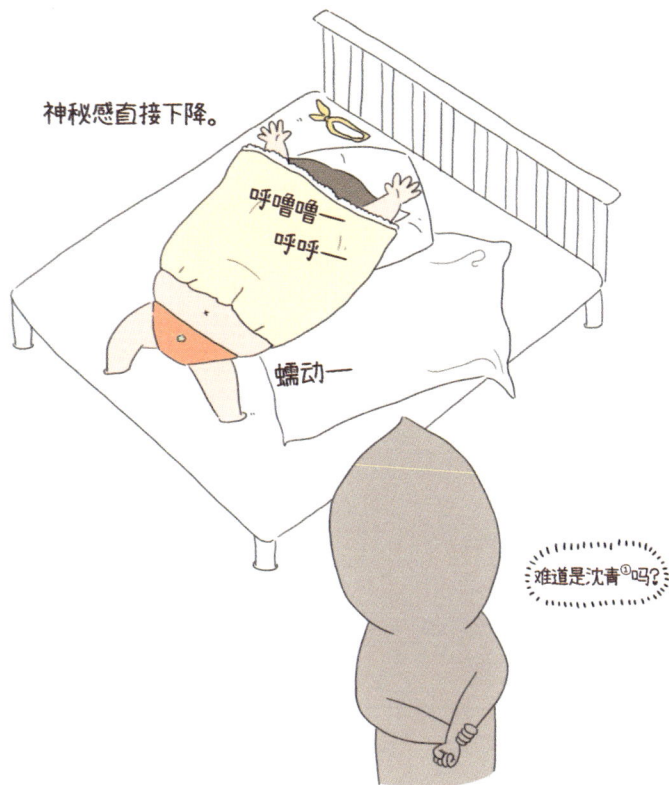

新婚浪漫好像一开始就被搞砸了。

还以为结婚之后我睡觉的习惯会改变呢!
没想到根本就不管是不是新婚。

结婚果然很现实!

① 沈青,韩国民间故事中的人物,是著名的孝女。——译者注

不行，但我知道了！

哦！哦！哦！
迷你公仔！

啊！我的心脏啊！

好想要啊——
呃啊——
好可爱啊！

哥哥！

给我买一
个公仔吧！

不行！

求求你了！

NO！

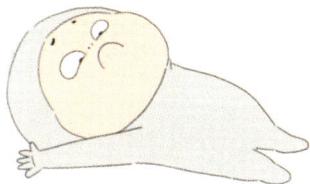

我讨厌哥哥！

不是的。

仔细想想，
你还是喜欢我的！

《老婆的愿望清单》
·老婆想要的东西
一 皮克斯DVD
一 迷你公仔

·老婆想吃的东西
一 黑猪
一 排骨和冷面

给你，这个

你以前不是说过想要这个吗？

哇啊！！

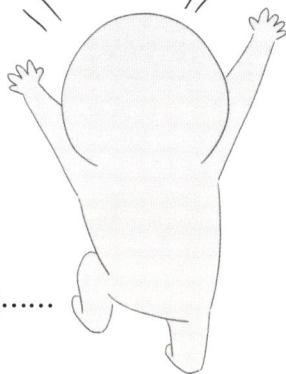

比起那些华丽的惊喜，
我更喜欢这样细微的关怀，
好像每一瞬间你都在想我一样……

这有什么啊，
竟然这么开心，
你上辈子是小狗吗？

么么哒——
么么哒——

揉搓——揉搓——

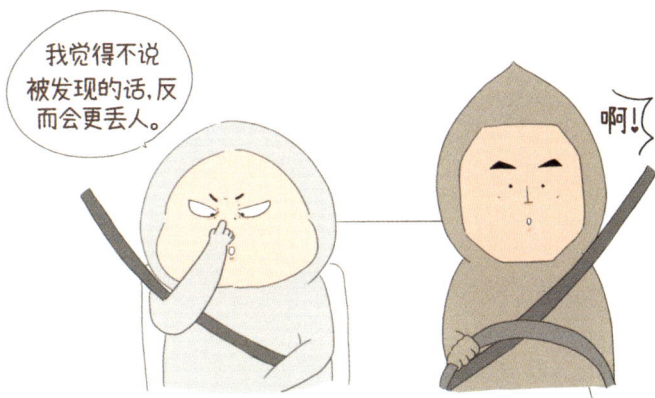

夫妻之间是不应该有秘密的。

还有什么要坦白的呢？

咔嚓

与脸小的男人一起拍照，
也变成了一件很困难的事情。

但是，这件事我要做一辈子。

让我们一起轻唱:
"我会一直在你的身后……"

积沙成塔

那些觉得微不足道的小委屈，
不知不觉慢慢积累成了一座大山。

一开始不好意思、没说出口的小事情，
没想到现在变成了不可忽视的大委屈。

怎么能说是一件小事情呢？
难道没听说过积沙成塔吗？
我的委屈现在已经堆积成一座高塔了。

——在大家都不在意的时候。

恋爱的心情

我这该死的心脏，什么时候激动地跳过？

想再次感受恋爱的心情时，

可以一口喝掉双份的浓缩咖啡。

哇哇！

哥哥，我好激动啊！

咚咚！咚咚！

?

对，就是这种感觉。
只是想一想都能心跳加速的恋爱时期，
偶尔也会想念的那个时期。

不断提升

抑郁的阴影——

……没想到这么
颓废啊……

结婚初期,面对如此抑郁的我,
土豆先生就会不知所措。

马上起身。

我要订一只炸鸡。

他一点点掌握着——
既快又有效的安慰方法。

嘿嘿——

要不要喝啤酒啊?

最后用来收尾的——
就是"烧酒疗法"。

我下辈子——
也要跟土豆先生结婚!

你就是我的人!

我下辈子还是不要出生了!

尾声

就像呼吸一样,平淡地加夜班的某一天,
因为不想工作,我翻起了二十多岁时的相册。

那个时候并不知道，
我的青春会那么地耀眼。

我所回忆起的二十几岁时光——

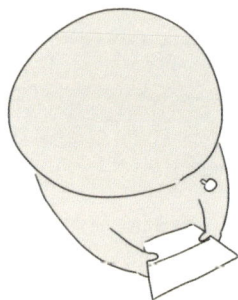

都是因拖欠的工资
而债务缠身。

或者与生平第一次见到的疯子
同事进行斗争,

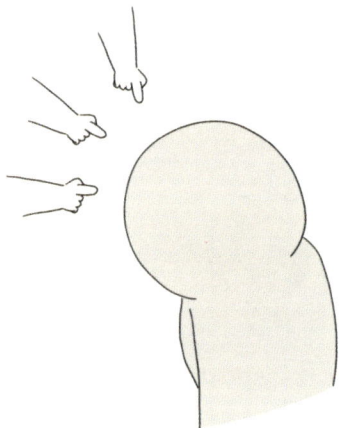

又或者是被四面八方的人们
指手画脚。

要么是频繁地加夜班，

要么是毫无理由地
被公司赶走，

痛苦的回忆貌似要比快乐的回忆多很多。

今天也坚持下来了。

加油，你这个家伙！

进入三十岁后，也没有太大的变化。
"都会好起来的"变成了口头禅，
一边安慰着自己一边努力坚持着，
就这样坚持工作了十年。

那些"不吃也觉得很饱"的话，都是骗人的啊。

存折

我一直以为职务上升后就会变得好一些，
把工资都攒起来就会好起来，
但是职务上升了，因为没有时间花钱，
存折里也存了很多钱。
却什么都没有改变，
不管是十年前，还是现在，依然每天处于痛苦中。

当别人问我"为什么要这样生活"的时候，
我已经不再回答"因为大家都是这样生活"。

十年时间,江山应该已经变了很多,但是我的江山却始终如一。
说不定我早就已经知道答案了。

我并不想拿着少得可怜的工资,抱着一丝侥幸,
消耗着不再回来的青春,
等待着不知道什么时候会出现的幸福。

一定要把社会生活过好吗?
一定要像别人一样生活吗?
难道我不能例外吗?
反正都是我自己的人生啊!

我先把辞职意向告诉了土豆先生，
他最先考虑的不是会发生的现实问题，
而是先了解了一下我的内心想法。

你去尝试一下自己喜欢的、擅长的事情吧！

我希望老婆你能够幸福。

我擅长的事情？

骂人？

这段时间辛苦你了。

辞职信
不管了！

我就这样毫不留恋地递交了辞职信，离开了公司。

虽然公司里的疯子为数不少，
但依然感谢跟我一起说公司坏话、
一起加油上进的同事们，
以及我的朋友们。

正是因为大家的存在，我才坚持了这么久。
这段时间真的非常感谢大家。

现在,已经辞职两年了。

多亏了默默鼓励我的土豆先生,
我可以一边画着自己喜欢的插图,一边连载小故事。

多亏了相信我并向我伸出橄榄枝的编辑们。
我算什么啊,竟然能够出书?
谢谢你,我的蓝鸟!

我再也不会重新回到公司里去上班了，

我不会再为"想要成为的人"而生活，我要为自己想做的事情而生活。
当我四五十岁，回望人生的时候，
希望已经积累了很多可以微笑着面对的、三十多岁时的回忆，
与我的土豆先生一起的美好回忆。:-)

如果这样过下去，总会有办法的吧？
因为，最起码我现在可以理直气壮地说自己很幸福。

在被美丽的风景包围着的济州岛——
结束!

图书在版编目（ＣＩＰ）数据

不管怎样总会有办法的 ／（韩）裵泪著；千太阳译．——
上海：东方出版中心，2019.1
　　ISBN 978-7-5473-1365-7

　　Ⅰ. ①不… Ⅱ. ①裵… ②千… Ⅲ. ①人生哲学—通
俗读物 Ⅳ. ①B821-49

中国版本图书馆CIP数据核字（2018）第271427号

上海市版权局著作权合同登记：图字09-2018-1017

不管怎样总会有办法的

出版发行：东方出版中心
地　　址：上海市仙霞路345号
电　　话：（021）62417400
邮政编码：200336
经　　销：全国新华书店
印　　刷：上海盛通时代印刷有限公司
开　　本：890mm*1240mm 1/32
字　　数：15千字
印　　张：7
版　　次：2019年1月第1版第1次印刷
ISBN 978-7-5473-1365-7
定　　价：45.00元

2023